云南名特药材种植技术丛书

附子

Fuzi

《云南名特药材种植技术丛书》编委会 编

云南出版集团公司
云南科技出版社
·昆 明·

图书在版编目（CIP）数据

附子 /《云南名特药材种植技术丛书》编委会编 . -- 昆明 : 云南科技出版社, 2013.7（2021.8重印）
（云南名特药材种植技术丛书）
ISBN 978-7-5416-7292-7/02

Ⅰ. ①附… Ⅱ. ①云… Ⅲ. ①附子 - 栽培技术 Ⅳ. ①S567

中国版本图书馆CIP数据核字（2013）第157900号

责任编辑： 唐坤红
李凌雁
洪丽春
封面设计： 余仲勋
责任校对： 叶水金
责任印制： 翟　苑

云南出版集团公司
云南科技出版社出版发行
（昆明市环城西路609号云南新闻出版大楼　邮政编码：650034）
云南灵彩印务包装有限公司印刷　全国新华书店经销
开本：850mm × 1168mm　1/32　　印张：1.5　字数：38千字
2013年9月第1版　　2021年8月第5次印刷
定价：18.00元

《云南名特药材种植技术丛书》编委会

顾　问：朱兆云　金　航　杨生超

郭元靖

主　编：赵　仁　张金渝

编　委（按姓氏笔画）：

牛云壮　文国松　苏　豹

肖　鹏　陈军文　张金渝

杨天梅　赵　仁　赵振玲

徐绍忠　谭文红

本册编者：张智慧　赵振玲　杨维泽

杨美权　杨天梅　杨绍兵

许宗亮

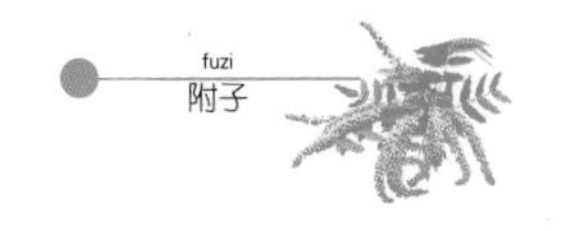

序

彩云之南自然环境多样，地理气候独特，孕育着丰富多样的天然药物资源，“药材之乡”的美誉享于国内外。

云药资源优势转变为产业优势的发展特色突出，亦带动了生物产业的不断壮大。当下，野生药用资源日渐紧缺，采用人工繁育种植方式来满足医疗保健及产业可持续发展大势所趋。丛书选择了天麻、灯盏细辛、当归、石斛、木香、秦艽、续断等云南名特药材，特别是目前野生资源紧缺，市场需求较大的常用品种，以种植技术和优质种源为重点内容加以介绍，汇集种植生产第一线药农的实践经验，病虫害防治方法等，凝聚了科研人员的研究成果。该书采用浅显的语言进行了论述，通俗易懂。云南中医药学会名特药材种植专业委员会编辑成的该套丛书，对于云南中药材规范化、规模化种植具有一定指导意义，为改善和提高山区少数民族群众收入提供了一条重要的技术途径。愿本套丛书能够对推动我省中药种植生产事业发展有所收益，此序。

云南中医药学会名特药材种植专业委员会

名誉会长

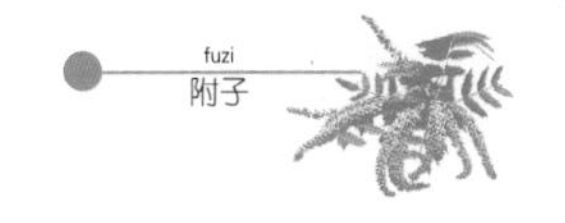

前　言

绿色经济强省，生物资源是支撑。保持资源的可持续发展，是生态文明建设的前瞻性工作。云南省委、省政府历来高度重视生物医药发展，将生物医药产业作为云南特色支柱产业来重点发展。中药材种植是生物医药产业发展的源头，有言道："好山好水出好药""药材好，药才好"……。因地制宜，严格按照国家有关法规和科学技术指导规范种植，方能产出优质药材。基于云南生物资源开发现状考量，云南省中医药学会名特药材种植专业委员会汇集了云南药物研究所、云南农业科学院药用植物研究所、云南中医学院、云南农业大学等单位的专家学者，整理并撰写了目前在云南省中药材种植生产中有一定基础与规模的20个品种中药材的种植技术，编辑出版本丛书，较大程度地适应了各地中药材种植发展的迫切需要。

云南地处北纬21°～29°，纬度较低，北回归线从南部通过，全年接受太阳辐射光热多，热量丰富；加之北高南低的地势，南部地区气温高积温多，北部地区气温低积温少；南北走向的山脉河谷，有利于南方湿热气流的深入，使南方热带动植物沿河谷北上。北部山脉又阻挡了西伯利亚寒冷气流的侵袭，北方的寒温带动植物沿山脊南下伸展。东面湿热地区的动植物又沿金沙江河谷和贵州高原进入，造成河谷地区炎热、坝区温暖、山区寒冷等特点。远离海洋不受台风的影响，大部分地区热量充足，雨量充沛。多种类型的气候生态环境，造就了云南自然风光无限，物奇候异，由此被人们美称为“植物王国”。

云南中草药资源十分丰富，药用植物种数居全国第一，在中药材种植方面也曾创造了多个全国第一。目前云南的中药材种植产业承担了云南全省乃至全国大部分中医药产品的原料供给。跨越式发展中药材种植产业方兴未艾，适应生物医药产业的可持续发展趋势尤显，丛书出版正当时宜。

本书编写时间仓促，编撰人员水平有限，疏漏错误之处，希望读者给予批评指正。

云南省中医药学会
名特药材种植专业委员会

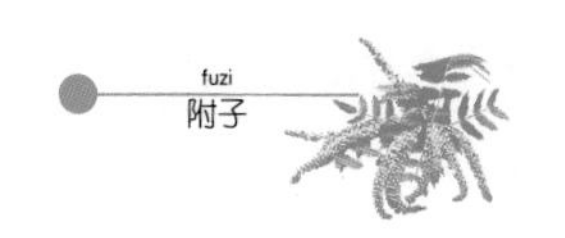

目　录

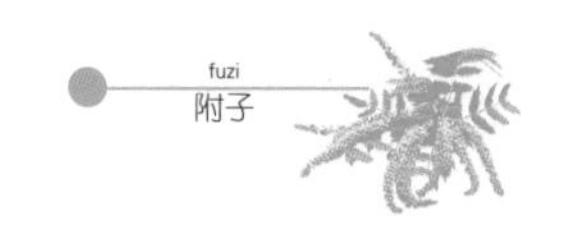

第一章 概 述

图1-1

附子为毛茛科乌头属植物乌头（*Aconitum carmichaeli* Debx.）子根的加工品。又名乌缘、奚毒、即子（《神农本草经》），鸡毒（《淮南子》），毒公、耿子、茛（《吴普本草》），川乌（《金匮要略》），独白草（《续汉书》），鸳鸯菊（《本草纲目》）。陶弘景云："形似乌鸟之头，故谓之乌头。"历史上栽培于四川，又称川乌头，简称川乌。采挖后，经炮制加工以其主根入药为乌头，侧根（子根）的加工品入药即为附子；除去母根、须根及泥沙，习称"泥附子"，经不同的炮制加工方法后其炮制品又叫制附子、制附片、盐附子、黑附子（黑顺片）、白附片、淡附片、炮附片等。附子味辛、甘，性大热，有毒。归心、肾脾经。具有回阳救逆，补火助阳，散寒止痛的功效。主治亡阳虚脱，肢冷脉微，心阳不足，胸痹心痛，脘腹

图1-2

冷痛，虚寒吐泻，阴寒水肿，风寒湿痹、肾阳虚衰，阳痿宫冷，阳虚外感等。是金匮肾气丸、附子理中丸、附桂理中丸、龟鹿滋肾丸、天麻丸、右归丸、济生肾气丸等几十种中成药的必需原料。被誉为中药中“乱世之良将”，“回阳救逆第一品药，补先天命门真火之第一要药。”其应用历史悠久，临床疗效卓越，是常用温里药，造就了正确运用附子治疗各种严重疾患的中医世家。

一、历史沿革

《本草经集注》云：“乌头与附子同根。”《本草纲目》载：“初种为乌头，像乌之头也。附乌头而生者为附子，如子附母也，乌头如芋魁，附子如芋子，盖一物也。”根据以上本草所载：历史上到现代就非常明确附子与乌头的原植物为同一种植物，主根为乌头，子根为附子。但历史上对于附子、乌头、天雄（这三种药又称为三建）的论述是有争议的。例如《神农本草经》中说：“附子生犍为及广汉（四川），乌头生朗陵（今河南确山），天雄生少室（今河南嵩山）”。陶弘景在所著《神农本草经集注》也说："天雄、乌头、附子三种，本出建平，故为三建"（建平指今的巫山一带）。但在唐《新修本草》中指出："……陶以三建俱出建平，非也。"后经历代本草家的考证认为附子、乌头、天雄是同一种植物。后人经过实践认为三建就是三堇，是指乌头一种植物根不同部位而言。

附子始载于《神农本草经》，列为下品，言其："主治风寒咳逆，邪气，温中，金疮，破癥坚积聚，血瘕，寒温，痿躄，拘挛，膝痛不能行走。"汉代张仲景为古代医家中善用附子者，在其所著书中《伤寒杂病论》一书（后世分为《伤寒论》《金匮要略》）中关于附子的方剂共32方，一般多用在亡阳虚脱、阳虚、寒性痹痛、阳虚水泛等4个方面，为附子的运用积累了丰富的经验。在这一时期，已经有了附子最早的炮制方法。魏晋南北朝时期，后世医家在张仲景善用附子的基础上又有进步，指出了附子有散寒止痛，强筋健骨的良效，但孕妇

图1–3

当慎用；甘草、人参及干姜可以制约附子的毒性。《刘涓子鬼遗方》首开外科运用附子之先河，将附子广泛运用于外伤、疮疽、疥癣等。隋朝时期附子的应用与前朝类似。宋代所创附子新方颇多，出现了较多后世常用的基础方，如《妇人大全良方》中的参附汤、《太平圣惠方》之正阳散、《太平惠民和剂局方》之醒风汤、《圣济总录》之四味丸、《校注妇人良方》之济生肾丸。金元时代，各位医家对附子的运用都有更丰富的认识。如金·刘完素认为，附子“大辛大热，气厚味薄……无所不至，为诸经引用之药”。朱丹溪明确指出，附子能行补养药之滞，有间接补益之功。明代，附子被众多医家列为要药。张景岳将附子和人参、熟地、大黄同列为“药中四维”认为是“人参、熟地者，治世之良相也；附子、大黄者，乱世之良将也，是治病保命之要”。而此时的本草典籍对附子功效的认识亦趋于细致，其中李时珍的《本草纲目》对附子的记载，可谓是古代本草著作中研究最详尽者。李氏总结附子的主治为：“三阴伤寒，阴毒寒疝，中寒中风，痰厥气厥，柔痓癫痫，小儿慢惊，风湿麻痹，肿满脚气，头风，肾厥头痛，暴泻脱阳，久痢脾泄，寒疟瘴气，久病呕哕，反胃噎膈，痈疽不敛，久漏冷疮。合葱涕，塞耳治聋。”李氏在书中含附子的附方84首，其主治涉及内外妇儿各科，用法有外用有内服，用途极其广泛。历代医家对附子的阐述可谓详尽细致，但是将附子的运用引向历史的最高峰的，却

是清代四川名医郑钦安。郑氏于同治年间，在成都开创了“火神派”，人称“郑火神”，“姜附先生”，《邛崃县志》称其为“火神派首领”。其著有《医理真传》《医法圆通》《伤寒恒论》三书，流传甚广，近代继承其学术思想者不乏其人。郑钦安认为“非附子不能挽欲绝之真阳”，又云“附子大辛大热，足壮先天元阳”，“能补坎中真阳，真阳为君火之种，补真火即是壮君火也”。郑钦安晚年将其学术传于卢铸之等人。受到卢铸之的影响，吴佩衡、祝味菊、范中林等人成为火神派悍将，火神学说代代相传以至今日。他们皆以擅用附子著称，如人誉“吴附子”“祝附子”“范附子”等。附子之名，俨然成了火神派传人的美誉。因此，祖国医学对于附子的应用到了得心应手的程度，附子对于调整身体阴阳具有非常重要的意义。

二、资源情况

1. 资源现状

据记载历史上附子适应性强，野生附子主要分布于长江中游，秦岭巴山中部，北至秦岭和山东东部，南至广西北部。栽培附子主产于四川江油市及安县、北川、平武、布拖、美姑等县、市，为川产地道药材之一，量大质优，畅销国内外。陕西为我国第二产区，主产城固、勉县、南郑、汉中、兴平、户县等县、市，商品销全国。云南、贵州亦有少量种植，河北、江苏、浙江、

图1–4

安徽、山东、河南、湖北、湖南、甘肃等地因种源缺乏、品质退化、产量下降，加上病虫害严重，逐渐被市场淘汰而停止种植。虽然乌头（附子）野生资源分布范围较广，但由于人类的采挖，动物的啃噬，公路、铁路、旅游景区的开发，工矿企业、住宅的兴建以及荒地开垦，人工造林等，野生乌头的个体和居群数量不断减少，蕴藏量显著低于其他药用植物，物种资源保存和可持续利用面临困难。

但从21世纪开始，云南滇西北地区借助与四川产区气候、海拔、种植和采挖时间等方面差异，逐渐引种试种，形成了规模化种植栽培，产量达数千吨；到秋季附子采挖后鲜品药材拉回四川生产加工，逐渐形成四川生产加工产业的种植基地，较高海拔山区群众取得了较好的经济效益，成为深受高海拔山区少数民族群众欢迎的中药材种植品种之一。

2. 种质资源情况

由于自然杂交后代的混杂繁殖，以及环境条件引起

的自然变异，乌头种质资源表现出丰富的形态多态性。以传统的叶型为划分依据，生产上以南瓜叶、鹅掌叶、艾叶3种附子为主，南瓜叶乌头与鹅掌、艾叶比较，其长势壮、叶片各分裂宽、叶面积大、叶片肥厚、茎粗、须根发达、子根数目多、形状规则、子根大，表现出良好的丰产性，因此可作为附子栽培的重点推广品种。艾叶乌头植株高大、叶片肥厚、茎粗、根系发达、子根数目多、子根较大，尤其具有叶片向上倾斜的优良特性，也是一种良好的育种资源，有必要在进一步的品种选育中加以利用。鹅掌叶乌头株型较差，地下部分产量较低。由于附子生产通常采用起垄种植，每垄交错排列两行，芽口朝向行中央，并结合定位修根等栽培技术，以保证附子高产，这就要求做种用乌头具有规则的形状和固定位置的芽口。鹅掌叶乌头子根形状不规则，其芽口所在位置不固定，不利于附子生产栽培技术的实施，难以实现高产，因此也难以在生产上得到大面积推广。云南省产区现多种植栽培艾叶型附子，鲜品附子亩产量达到800～1500千克左右，经济效益较好，但种源的改良工作不宜放松。

三、分布情况

我国所产附片远销苏联、美国、英国、日本、澳大利亚、东南亚等国家和地区，在国内外享有盛誉。附子商品来源于栽培，主要由四川、陕西等省提供，附子生产历史上以四川江油产量最大，自古为江油特产，栽培历史一千多年。宋代著名学者杨天惠任彰明（1958年并入江油市）县令所著《附子传》，即有植物形态、栽培技术、产地、产量记载。民国时期，江、彰两县有附子田5000亩，直接或间接以附子为生计者数万人，加工厂17家，加工附片16种。由重庆、西安集散，销全国及香港、南洋等地。200年前，陕西汉中地区形成附子产区，以生产附子种和川乌（乌头）为主。新中国成立后，老产区四川江油及陕西汉中地区建立了附子种子基地，扩大了商品生产；云南、河北、河南等省引种试种，形成了新产区；在新、老产区培育良种、合理密植、防治病虫害，推动了附子生产。

图1–5

四、发展情况

19世纪50~70年代中期附子生产比较稳定，年收购量由200多吨缓慢上升到800吨，产销基本平衡。70年代末期，四川、陕西加快了附子生产步伐，新产区大部分投产，种植面积和产量大幅度上升，年收购量达1300多

吨，创历史最高水平，商品逾量。19世纪80~90年代江油常年种植面积在6000亩以上，最高年产附子3000多吨，但由于附片价格低，挫伤药农种植积极性。2002年江油下种面积降为3800亩左右，2003年产鲜附子1750多吨；2003年下种面积降为2600亩左右，2004年产鲜附子1350多吨；2004年下种面积又降为不足1100亩，2005年产鲜附子600吨；2005年种植面积下降为1000亩，由于春旱严重，2006年仅产鲜附子400吨。2006年江油附子下种面积锐减为不足600亩。2007年附片总产量黑、白片共计约300吨，产需矛盾凸显，以至于2007年市场价格猛涨到：白片（清水统片）50元/kg；黑片（清水统片）44元/kg。到2009年江油附子的产量为800吨左右。与此同时，四川江油外的其他地区，四川凉山州西昌市布托县、陕西、云南等地靠价格竞争优势，附子的种植面积逐渐扩大。目前，附子的供需稳定。附子由于其良好的药用价值，因此经济价值也较高。1989~1990年附子市场价格较低，自1990年后，价格有所回升，2010年产区附子价格曾达到每千克8元左右，近年来价格在每千克4至6元之间，这几年由于产区群众总结出了一整套附子种植栽培技术，种植面积和产量也在逐步上升，产区群众反映种植附子经济效益不错。

截至2011年10月，通过国家GAP认证的附子种植基地主要4个，具体如下：

2008年四川雅安三九中药材科技产业化有限公司位

于四川省江油市太平镇普照村、合江村的附子基地通过国家GAP认证；

2010年四川佳能达攀西药业有限公司位于四川省凉山州布拖县西溪河区火烈乡、补洛乡、乐安乡的附子基地通过国家GAP认证；

2011年四川新荷花中药饮片股份有限公司位于四川省绵阳江油市彰明镇的附子GAP种植基地通过国家GAP认证；

2011年四川江油中坝附子科技发展有限公司位于四川省北川羌族自治县漩坪乡烧坊村和四川省江油市太平镇桥楼村的附子种植基地通过国家GAP认证。

云南省已经由最初的种植地大理和丽江，扩展到了昭通、禄劝、楚雄等十多个县区。但缺乏龙头企业引领，科研力量的投入，以后应该向老产区学习，进行科学规划引导，促使附子种植产区有序发展。云南产区附子要拉运到四川产区加工生产，需要当地政府指导种植产区龙头企业与加工生产产区龙头企业协调每年的产销情况，避免药多伤农事件的重演。

图1-6

第二章　分类与形态特征

一、植物形态特征

《中华人民共和国药典》（2010年版）收载的附子基源植物只有乌头（*A. carmichaelii* Debx.）一种，其形态特征如下：

附子，多年生草本植物。子根肉质，常2个并连，有的可达5个，倒圆锥形，长2~4cm，直径1~1.6cm。栽培品的侧根通常肥大，直径可达5cm，外皮黑褐色。高60~150cm，茎直立或稍倾斜，表面青绿色，中部以上疏被反曲的短柔毛，下部老茎多带紫色，茎下部光滑无毛。叶互生，薄革质或纸质；茎下部叶在花期枯萎，中部叶有长柄，叶柄长1~2.5cm；叶片近五角形，长6~11cm，宽9~15 cm，基部浅心形三裂达或近基部，中裂片宽菱形，有时倒卵菱形或菱形，急尖，有时近羽状分裂，二回羽裂片2对；侧裂片不等二深裂。总状花序顶生或腋生，长6~25 cm；轴及花梗或多或少密被反曲而紧贴的短柔毛；下部苞片三裂，其他的披针形；花两性，两侧对称；萼片5，蓝紫色，花瓣状，外面被短柔毛，上萼片高盔状，高2~2.6cm，侧萼片长1.5~2cm；花瓣2，无

图2-1　附子花序

图2-2　附子植株

图2-3　附子果实

图2-4　附子果实形态

毛；距长1~2.5 mm，通常拳卷；雄蕊多数；子房上位，心皮3~5。蓇葖果长圆形，长1.5~1.8cm。种子多数，三棱形，有膜翅，黄棕色。花期9~10月，果期10~11月。

二、植物学分类检索

图2-5

据记载，我国约有乌头属（*Aconitum*）36种植物可供药用，除本文描述的乌头外，还有北乌头（草乌）（*A. kusnezoffii*）、黄花乌头（关白附）（*A. coreanum*）、短柄乌头（雪上一枝蒿）（*A. brachypodum*）、甘青乌头（*A. tanguticum*）和黄草乌（大草乌）（*A. vilmorinianum*）等主要常用药材，其中在云南省有自然分布的为黄草乌、甘青乌头和短柄乌头等。

表2-1　云南省内乌头属主要药用的植物品种分类检索表

1.茎缠绕或蔓生

　2.花梗有开展的毛；花序轴和花梗密被伸展的淡黄色微硬毛；距向后弯曲 ································ 紫乌头*A. episcopale* Lévl.

　2.花梗无毛或有反曲并贴伏的短柔毛；花序轴和花梗多少密被

反曲短柔毛；距向后反曲 …… 黄草乌*A. vilmorinianum* Kom.

1.茎直立

3.叶基生或聚集在近基部处，茎生叶少数 ……………………
…………………… 甘青乌头*A. tanguticum*（Maxim.）Stapf

3.基生叶不存在，茎生叶等距离排列，下部茎生叶在开花时多枯萎。

4. 叶掌状深裂，一回裂片分裂程度较小，末回裂片三角形或卵形。

5.花序轴、花梗和萼片外面均无毛 …………………………
………………………………… 岩乌头*A. racemulosum* Franch.

5.花梗有毛，萼片外面有毛，花序密被黄色柔毛 …………
……………………………………… 丽江乌头*A. forrestii* Diels

4. 叶掌状全裂

6. 叶的一回裂片分裂程度较小，末回裂片三角形或卵形
………………… 乌头（滇东）*A. carmichaelii* Debx.

6. 叶的一回裂片细裂，末回裂片线形或狭线形 …………
………………………………… 短柄乌头*A. brachypodum* Diels

三、药材性状特征

附子为毛茛科植物乌头（*A. carmichaeli* Debx.）侧根（子根）的加工品。采挖后，除去母根、须根及泥沙，习称“泥附子”，可炮制加工成盐附子、黑顺片、白附片等，但附子有较大毒性，国家严格管理生产加工环节，需要有食品药品管理部门认可的资质企业才能生

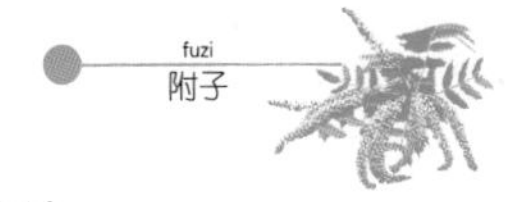

产加工。生产加工的药材品种性状特征如下：

1. 盐附子

呈圆锥形，长4~7cm，直径3~5cm。表面灰黑色，被盐霜，顶端有凹陷的芽痕，周围有瘤状突起的支根或支根痕。体重，横切面灰褐色，可见充满盐霜的小空隙和多角形形成层环纹，环纹内侧导管束排列不整齐。气微，味咸而麻，刺舌。

2. 黑顺片

为纵切片，上宽下窄，长1.7~5cm，宽0.9~3cm，厚0.2~0.5cm。外皮黑褐色，切面暗黄色，油润具光泽，半透明状，并有纵向导管束。质硬而脆，断面角质样。气微，味淡。

图2-6　黑顺片

3. 白附片

为纵切片，上宽下窄，长1.7~5cm，宽0.9~3cm，厚0.2~0.5cm。无外皮，黄白色，半透明，厚

图2-7　白附片

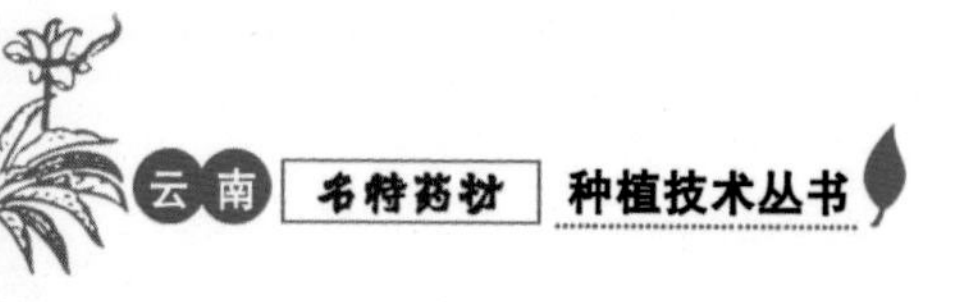

约0.3cm。油润具光泽，半透明状，并有纵向导管束。质硬而脆，断面角质样。气微，味淡。

4. 其他药名相近的药材品种

白附子、香附子等因药名与附子相近，常易混淆，其功效应用范围也不一样，应仔细加以区别，以保证用药安全。主要易混淆品（白附子、香附子）的对比鉴别要点如下：

（1）白附子

白附子为天南星科植物独角莲（*Typhonium giganteum* Engl.）的干燥块茎。其主产于河南、甘肃等地，以河南禹州产为道地，因此又名“禹白附”。药材呈椭圆形或卵圆形，长2~5cm，直径1~3cm。表面白色至黄白色，略粗糙，有环纹及须根痕，顶端有茎痕或芽痕。质坚硬，断面白色，粉性。气微，味淡、麻辣刺舌。

（2）香附子

香附（习称香附子）为莎草科植物莎草（*Cyperus rotundus* L.）的干燥根茎。药材多呈纺锤形，有的略弯曲，长2~3.5cm，直径0.5~1cm。表面棕褐色或黑褐色，有纵皱纹，并有6~10个略隆起的环节，节上有未除净的棕色毛须和须根断痕；去净毛须者较光滑，环节不明显。质硬，经蒸煮者断面黄棕色或红棕色，角质样；生晒者断面色白而显粉性，内皮层环纹明显，中柱色较深，点状维管束散在。气香，味微苦。

第三章　生物学特性

一、生长发育习性

附子生长要经历须根生长发育期（从栽种至出苗）、叶丛期（从出苗至抽茎）、地上部分旺盛生长期（抽茎至摘尖扳芽）和块根膨大充实期（修二次根至收获）4个时期，共240天左右。云南产区现多用上年度留种的小个子根作为种植种源，3月中旬开始种植。在3月中旬后，当温度在10℃以上时栽种附子，10天左右发出新根，11月份可以采挖。种植后当地下10cm 土壤温度在 9℃以上时，从地下茎节长出基生叶5~7片。抽茎后，地上部分生长加快，尤其是3月上、中旬（气温在13~13.8℃）生长最快，茎每天增高0.6~0.71cm，叶片数也迅速增加，每4~5天可生出1片新叶，为地上部分生长旺盛期。5月上、中旬以后，地下茎节生出扁平的白色根茎，不久即向下伸长而形成新的块根。特别是5月下旬至6月下旬，气温在20~25℃，是附子膨大增长时期，在5月下旬块根干物质重为10.2g/株；干物质日增长量为0.197g/株，6月中、下旬当10cm土层地温为21℃左右时，块根生长最快，块根干物质重为19.9g/株，干物质日增长

0.65g/株，为5月下旬的3.3倍左右。在9月中、下旬，气温在18.4~20.6 ℃时顶上总状花序开始出现小的绿色花蕾。10月上旬，日均气温为15.5℃左右，花蕾由绿变紫时开花。当主花序结果时第一侧枝才开花，以后由上至下地开放到下部侧枝。在11月上、中旬（气温在11℃左右），果实成熟开裂，散出大量种子。对于需要采挖的附子在九月中旬开始就要打尖，将植株上部茎秆（顶生花序部分）剪掉，以便地下块根部分的生长发育，保证附子高产与品质。

图3-1

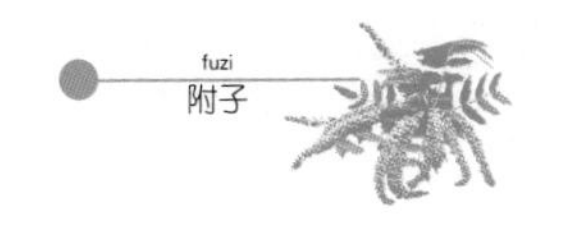

二、对土壤及养分的要求

附子喜土层深厚、疏松、肥沃，夏季排水良好有一定坡度的灰黄壤土和沙壤土，黏土或低洼积水地区不宜栽种。忌连作，一般需隔 3~4年再栽种，可以安排豆类，玉米，云木香、秦艽等药材品种为前茬作物。

三、气候要求

附子在气候温和、润湿的地区生长较好。在年降雨量为 900~1400mm、年平均温度为10~14℃、无霜期大于250天，年日照量在 1000小时左右的区域均可栽培。附子原植物乌头在海拔500~600m的向阳平坝至2700m以上的高山地区均有广泛分布，其自然适应能力强。云南主要种植于2000~2800米左右山区。

第四章　栽培管理

一、选地、整地

附子对土壤选择较为严格，应选择阳坡，地势较高，阳光充足，土层深厚、疏松、肥沃，排灌方便的地方，以中性砂壤土最为宜。但切忌连作，前茬一般为种植洋芋、白芸豆、玉米或其他药材，最多连续种植两年，就要进行轮作，否则易产生白绢病、根腐病等病害，严重影响产量。从“大雪”开始，犁深20～30cm，三犁三耙，务必使土块细碎、松软，10月下旬（霜降），每亩地施厩肥或堆肥3000～3500kg，硫酸钾20kg作底肥。如果农家肥不足，可增加50kg复合肥（氮、磷、钾≥35%）浅翻入土。按宽1.2m（包括排灌沟）作畦，厢面宽1m，将过磷酸钙50kg、菜籽饼50kg碎细混合撒入厢面，搅拌均匀，拉耙定距，以备下种。厢面要做成瓦背形，同时田间要开好排灌水沟，做到三沟配套，以利排水灌水。

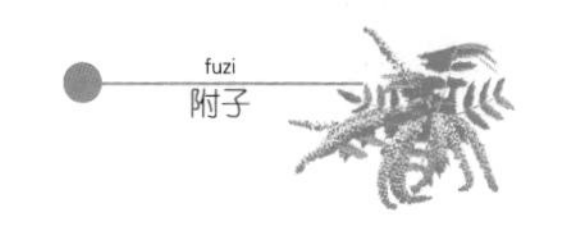

二、种子选择与处理

由于附子的种子不易完全成熟，发芽率很低，出苗后块根生长发育缓慢，且新生子根很少，故不作繁殖用种。生产上一般均以子根做种。选种时应选择“和尚头”的子根做种，“老鸦嘴”样不宜做种。以每100个块根重1.2~2.0kg为宜。在每年“冬至”前收获时，选择子根粗壮、须根毛粗壮而长、色如牛肉、无病虫害、未受伤、芽口新鲜饱满、个体完整的附子作种。对无根毛或根毛少而短，根毛上长有像根瘤菌样的皮皱不展、甚至已经萎蔫了的附子不能做种用。将子块根摘下，摊在室内干燥阴凉处晾3~5d即可种植。须根留1cm，多余的剪掉。栽种前用70%甲基托布津可湿性粉剂1000倍液浸种30min。

三、播种方法

栽种附子的时间以掌握在“冬至”至“小雪”之间为宜。按厢面宽1m，沟宽20cm、沟深10cm，成丁字形错窝栽植，株行距12cm×17cm，窝深10cm，每亩栽12000~14000个左右。斜坡山地一般不做墒面与开沟，以地势走向种植打窝，窝打好后， 将选好的处理好的子根，按大、中、小分级种植， 背靠背地栽在窝中，中、大种块根每窝栽 1 个，小种块根每窝可栽 2 个，每行可适当多栽几窝，作为缺窝补苗用。栽种时芽苗向上，芽嘴低于窝口，随即刨土稳根，按20cm 开沟，把厢沟里的泥土放到厢面盖种，厚约 7~9cm，以盖没种芽即可。

四、田间管理

1. 耙厢清沟及补苗

附子栽种后，在幼苗出土前，应将厢面上的大土块用锄头耙到沟里，整细整平，再提到厢面上，使沟底平坦不积水。第二年早春苗出齐后，如发现病株，应拔出烧毁，利用预备苗带土移栽，及时进行补苗压实，并浇清水以利成活，且宜早不宜迟。总之，要求做到苗齐、苗壮。

2. 中耕除草

幼苗出土前，耕地浅锄草 1 次，幼苗全部出土后至开花前，中耕 1 次，做到田间无杂草。

图4-1　附子苗期

图4-2　附子幼苗

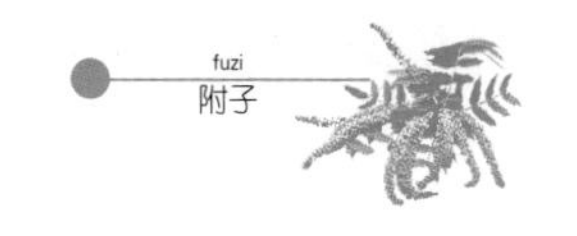

3. 打尖和摘芽

为控制附子地上部分的徒长，防止养分消耗，让养分集中于根部，促进地下块根生长，防止倒伏，提高产量，故要在苗高20~25cm、叶子10~12片时及时去掉顶芽。摘尖后腋芽生长快，当长至约4cm时应及时摘掉，每周至少摘1次。

4.修根

若附子植株长出过多子根，常常会使子根的个头不大，影响产量和质量，因此，附子在生长期中一般要修根两次，第一次在4月上旬，第二次在5月上旬。方法是用小铁铲或竹制铲轻轻刨开根部土壤，均匀地保留2~3个健壮的新生附子，其余小附子全部切掉取出。注意每次修根不要损伤叶片和茎秆，割断须根，否则会影响块根生长膨大。修根的目的是培养大附子，提高经济价值。

5.灌溉排水

附子生长期长，需要保持适当的土壤湿度，土壤过分干燥与潮湿，均会致附子生长不良。应根据气候情况和土壤湿度，掌握适时、适量的灌溉和排水。在幼苗出土后，若土壤干燥应及时灌水，以防春旱，以灌跑马水（即水从沟内跑过不停水）为宜。以后随气温逐步升高，应掌握厢土翻白就灌。6月上旬以后，天气炎热应注意在夜晚灌溉，大雨后要及时排出田中积水，以免附子在高温、多湿的环境下发生块根腐烂。

6. 合理施肥

附子是一种耐肥植物。施足基肥，合理追肥是提高块根产量的重要措施，通常要进行多次追肥。首先，翻地前每亩用油枯50kg，与畜圈粪肥3000~3500kg堆沤发酵，均匀撒于地表翻入土中作底肥。在次年2月中旬，幼苗出齐，苗高约6cm、有2~4片小叶追肥。每亩用人畜粪水2000~2500kg、尿素4~6kg，混合匀后在株旁开沟或开穴施入根际，粪水风干后盖土；在刨土修根时，每亩用磷酸铵15 ~ 20kg，与2000kg人畜粪水混匀后浇施，以促进子块根生长。以后每20~30d进行1次，用肥种类和数量与前相同。另外，在3 ~ 6月之间根据土壤干湿度和天气情况，可间隔7~10d灌水1次，保持土壤正常湿度，以利根系生长发育，从而提高产量。

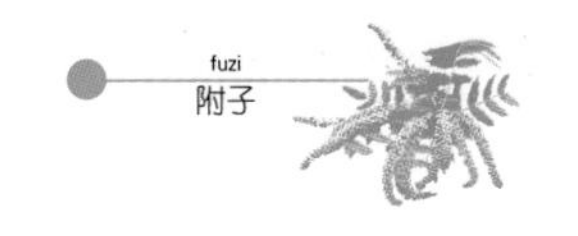

第五章　农药、肥料使用及病虫害防治

一、农药使用原则

病虫害的防治应采取综合防治策略。如必须施用农药时，应按照《中华人民共和国农药管理条例》的规定，采用最小有效剂量并选用高效、低毒、低残留农药，以降低农药残留和重金属污染，保护生态环境。

二、肥料使用原则

施用肥料的种类以有机肥为主，根据附子生长发育的需要有限度的使用化学肥料。施用农家肥应该经过充分腐熟达到无害化卫生标准。禁止施用城市生活垃圾、工业垃圾及医院垃圾。

三、病虫害防治

1. 白绢病

白绢病是附子的主要病害之一，主要为害茎与母根交界的部位。发病重的田块，病株率可达37%~ 55%， 损失严重。其病原物齐整小核菌（*Sclerotium rolfsii*）属半知菌亚门，无孢目。菌丝白色，有绢丝状光泽，在基物上呈羽毛状辐射状扩散，有隔膜。在寄主表面形成菌核，球形、椭圆形，直径0.5~1.0mm，大的3mm，平滑有光泽，初白色后变棕褐色，内部灰白色，多角形细胞构成，表面的细胞色深而小，且不规则。偶尔在潮湿条件下病斑边缘产生担孢子。该病常在高温多雨季节或偏酸性土壤中发生，发病时根茎部逐渐腐烂，初期叶子正常；随着腐烂加剧，晴天中午前后叶子萎蔫（是指根部或茎部维管束组织受到病菌感染而发生的凋萎现象）下垂，严重时地上部分倒伏，叶子青枯，但茎不折断，母根仍与茎连在一起，在烂根表面，茎基部和周围土面出现白绢丝状菌丝，以及黑褐色似油菜籽大小的菌核，最后导致全株枯死。

防治方法：①首先要搞好农业防治。选无病附子作种；增施磷、钾肥，培植健壮植株，增强抗病能力；②实行轮作。在水淹条件下，有利于杀灭病菌，因此连续种植两年后改种一季水稻，可减轻病害发生；③修根时，每亩用五氯硝基苯粉剂1kg，或50%多菌灵1kg与50kg干细土拌匀，施在根茎周围再覆土；④发病初期，及时清除病株，并用70%托布津可湿性粉剂800~1000倍液，或25%菌通散（三唑酮）1500倍液、10%世泽（苯醚甲环唑）5000倍液、50%多菌灵可湿性粉剂1000倍液淋灌病株附近的健壮植株。

2. 霜霉病

病原物为乌头霜霉菌属鞭毛菌亚门，霜霉目，是

苗期较为普遍而严重的病害，主要为害叶片，严重影响附子的产量，其病状随附子生长时期而表现不同。在幼苗期，病株须根不发达，叶片直立向上伸长，且狭小卷曲，呈灰白浅绿色，叶背产生紫褐色的霜状霉层为主要特征。发病后，全株逐渐焦枯死亡，造成严重缺株，可称其为“灰苗”。成株后，受病植株顶部叶片变白，叶面最初呈现油浸状病斑，渐渐变成淡黄色，随后变成紫红色，叶背呈现紫褐色霉层，最后叶片卷曲，呈现暗红色或黑色焦枯，茎秆破裂而死，可称其为“白尖”。常在早春或晚秋低温多雨季节发病，病情迅速而严重。

防治方法：①及时拔除病苗，以防止蔓延；②在发病初期，可采用69%安克锰锌可湿性粉剂600~800倍液，或72%克露可湿性粉剂500~700倍液、72.2%普力克水剂800倍液、68.75%银法利600倍液等喷雾。重病田隔7天施1次药，连施2~3次。

3. 根腐病

病原物主要为腐皮镰孢（*Fusarium solani*），也有尖镰孢（*F. oxysporum*）。属半知菌亚门，瘤座孢目。主要为害根部，发生时根下部表面初为水浸状斑，逐渐扩大，渐渐腐烂变褐色，皮层渐坏腐，严重时表现为湿腐，略有臭味。在潮湿田间，腐烂株的茎表有白色霉状物生出，为镰刀菌的孢子，拔起病株，茎基和母根下部结生的附子小或腐烂，有的植株块根维管束亦变色，最后病株干枯死亡；在干燥环境下，块根受伤处干腐，影响水分传导，地上部分萎蔫下垂，植株干枯死亡，腐烂处茎周围留下一圈纤维组织。植株受害初期上部植株萎蔫，叶片下垂，像被开水烫过，严重时被害植株叶片自下而上变黄褐色或红紫色枯焦，影响附子膨大。

防治方法：①修根时勿伤根茎；②不过多施用碱性肥料；③多雨季节，低洼积水处易烂根，要注意排水；④修根时，每亩用70%托布津1kg与50kg干细土拌匀，施在根茎周围再覆土；⑤在发病初期，用50%多菌灵可湿性粉剂1000倍液，或95%绿亨恶霉灵4000倍液、55%敌克松800倍液淋灌病株附近的健壮植株。

4.叶斑病

病原物为乌头壳针孢（*Septoria aconite*）属半知菌亚门，球壳孢目。分生孢子器球形，直径90~100 μm，孔口小而不明显，分生孢子线形，无色，隔膜多而不明显，长45~48 μm；发病自近地面叶片开始，叶斑散生，初期叶片呈现针头大的褐色斑点，轮廓不清，由淡绿色变为黄绿色，渐次扩大为近圆形、椭圆形至不规则形，直径2~4mm，红褐色至黑褐色，周围有明显褪绿色晕圈，老叶病斑则不明显；后期病斑上密生细小黑点，是病原菌的分生孢子器。严重时一叶上病斑数目极多，相互汇合连片，叶片干枯脱落。同时在病斑上会并发*Alternaria* sp.（链格孢）的病斑，椭圆形有轮纹，褐色，为扩散型病斑，引起叶片焦枯死亡。

防治方法：①禁连作，以水稻、玉米轮作3年以上；②发病初期用70%甲基托布津可湿性粉剂1000倍液，每

10~15d喷雾1次，连续2~3次；③收获后，集中病株和病叶烧毁，彻底消灭越冬病菌。

5. 白粉病

为附子叶上的重要病害，5~9月在附子生长中后期发生，发病时在植株上部幼嫩叶表面或背面产生白粉，再向下蔓延至茎秆和下部叶片。植株发病后先叶片扭曲向上，叶背产生褐色斑块，椭圆形，约2cm大，逐渐焦枯。白粉分布于叶的两面，集中于叶脉处，于7~8月叶两面生黑色小点，9月产生大量黑色小点（即子囊壳）。病菌于病残体上越冬，次年在气温和一定湿度下，病菌萌发产生白粉，多在多雨潮湿季节或通风透光不良情况下发生。白粉形成后随风蔓延，天晴时传播特别快。

防治方法：①发病时可用25%粉锈宁可湿性粉剂2000倍液喷雾，连续2~3次进行防治；②收获后集中烧毁病株残叶。

6. 蚜虫

成虫和若虫主要集中在植株顶端嫩芽上为害，使其幼芽变形、皱缩，从而影响植株生长。3月下旬或4月上旬始发，5~6月上旬为害突出。可选用20%百福灵4000倍液，或2.5%功击乳油2000倍液喷雾。

7. 地下害虫

如地老虎、蝼蛄、蛴螬等。可用90%敌百虫拌菜叶或麸皮炒香后拌 80% 敌敌畏做成毒饵，于傍晚撒施田间进行诱杀；或用5%辛硫磷颗粒剂、5%地亚农颗粒剂，每亩0.17 ~ 0.2kg处理土壤。

第六章　收获及初加工

一、采收期与加工

1. 采收期

附子的最佳收获期是8月中旬至10中旬。但在四川、陕西汉中等地附子生产上的收获期为小暑（7月上旬）至

图6-1　采挖附子

大暑（7月下旬）间，这主要是由于大暑后为高温多雨季节，块根易腐烂，从而容易造成产量损失。

2. 加工

到采收期时，刨起块根，切去地上部茎叶，除去母根（乌头、川乌）、须根及泥沙，留其子根（泥附子），加工成下列规格。

（1）选择个大、均匀的泥附子，洗净，浸入食用胆巴的水溶液中过夜，再加食盐，继续浸泡，每日取出晒晾，并逐渐延长晒晾时间，直至附子表面出现大量结晶盐粒（盐霜）、体质变硬为止，习称“盐附子”。

（2）取泥附子，按大小分别洗净，浸入食用胆巴的水溶液中数日，连同浸液煮至透心，捞出，水漂，纵切成厚约0.5cm的片，再用水浸漂，用调色液使附片染成浓茶色，取出，蒸至出现油面、光泽后，烘至半干，再晒干或继续烘干，习称“黑顺片”。

（3）选择大小均匀的泥附子，洗净，浸入食用胆巴的水溶液中数日，连同浸液煮至透心，捞出，剥去外

图6-2

皮，纵切成厚约0.3cm的片，用水浸漂，取出，蒸透，晒干，习称“白附片”。

盐附子以个大、质坚实、灰黑色、表面光滑者为佳。白附片以片匀、黄白色、油润、半透明者为佳。黑顺片以片大、均匀、棕黄色、有油润光泽者为佳。

二、包装

将加工分级后的附子分别装入洁净竹篓或麻袋中，并附上包装标签。包装标签应注明产品名称、等级、产地、合格证、包装日期等，然后打包成件，每件净装规格50kg。

三、运输

不得与农药、化肥等其他有毒有害物质混装。运载容器应具有较好的通气性，以保持干燥，并应防雨、防潮、防尘。鲜货运输当天不能到达交货地，要在途中过夜的，必须将货卸下，摊晾于干净地面，以防发热霉变。第二天重新装运；成批量运输时，要保证附子形状质量不受包装的影响；一批附子运输结束时，及时清洁运载容器。

四、贮藏

贮藏于阴凉干燥通风处。防虫、防潮。生附子系毒

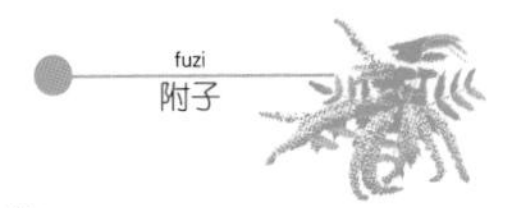

品，应按《医疗用毒性药品管理办法》贮藏。

图6-3

第七章　应用价值

一、药用价值

附子为我国常用的重要中药材，性辛、味甘，大热；有毒。归心、肾、脾经。其入药首载于《神农本草经》，被誉为“回阳救逆第一品”，能上助心阳、中温

图7–1

脾阳、下补肾阳。具有回阳救逆，补火助阳，散寒止痛的功能，主要用于亡阳虚脱，肢冷脉微，心阳不足，胸痹心痛，虚寒吐泻，脘腹冷痛，肾阳虚衰，阳痿宫冷，阴寒水肿，阳虚外感，寒湿痹痛等病症。生附子毒性较大，药力亦较强，古方多用于回阳救逆。熟附子，按法炮制，毒性较小，多用于温阳补肾，散寒止痛。

附子在我国传统医学中应用广泛、历史悠久。《伤寒论》《金匮要略》中的很多方剂也含附子，以后历代本草书中大多有附子的记载。现已报道附子的化学成分，主要是生物碱类物质，此外还有脂类物质以及多糖等，其中生物碱是其主要有效成分。从附子

图7-2

中分离得到的生物碱类成分可分为脂溶性和水溶性两类，其中脂溶性生物碱有乌头碱（Aconitine）、中乌头碱（Mesaconitine）、次乌头碱（hypaconitine）和塔拉地萨敏（Talatisamine）等；水溶性生物碱有新江油乌头碱（Neojiangyouaconitine）、宋果灵盐酸盐（Sonsorinehuarochloride）和附子亭（Fuzitine）等。现代研究表明，附子具有强心、增强心率、对抗缓慢型心律失常、抗炎、镇痛、抗休克、降糖、抗肿瘤、抗衰老、抗心肌缺血和缺氧等多种药理活性。在现代临床中，附子常用于救治急性心肌梗死所致的休克、低血压、冠心病及风心病等，均有很好疗效。

二、食用保健价值

本品毒性差别很大，如炮制不当或剂量过大以及煎煮时间不够，均可引起中毒反应。烹制及食用应谨慎。此外，孕妇慎用；不宜与半夏、瓜蒌、瓜蒌子、瓜蒌皮、天花粉、川贝母、浙贝母、平贝母、伊贝母、湖北贝母、白蔹、白及同用。

附子粥：制附子10g，炮姜15g，粳米100g。二药研为细末，每次用5g，与粳米加水煮粥食。亦可将二药减半，煎水取汁，入粳米煮粥。源于《圣惠方》。本方以附子温里散寒、止痛，炮姜温中散寒、止泻。用于里寒腹痛、腹泻，大便表稀。

附片薏苡粥：制附片10g，薏苡仁30g，粳米100g。

附片煎取汁，入薏苡仁、粳米，加水煮至粥熟。分2次食。本方以附片散寒止痛，用薏苡仁除湿舒筋。用于风寒湿痹，关节疼痛，四肢拘挛。

图7-3

附子羊肉汤：制附子25g，羊肉1000g。羊肉洗净，切块，焯去血水，与附片加水同煮，稍后加入生姜、葱、胡椒、盐等，煮至肉烂熟。分4次食。本方以附片温肾助阳，辅以羊肉温补肾阳，生姜、胡椒均有助于温暖阳气。用于阳虚畏寒肢冷，夜尿频多，或脘腹冷痛，腰痛。若用狗肉与附片煮汤食，有与本方类似的功能和用途。

参考文献

1 周海燕，周应群，羊勇，汪明德，赵润怀．附子不同产区生态因子及栽培方式的考察与评价[J]．中国现代中药，2010，12（2）：14-18.

2 李新生，曹小勇，吴三桥，邓文辉．陕西汉中附子资源及其开发利用研究现状[J]．中国医学生物技术应用杂志，2002，3：55-57.

3 符华林．我国乌头属药用植物的研究概况[J]．中药材，27（2）：149-152.

4 王文采．中国植物志：第27卷[M]．北京：科学出版社，1986：182-315.

5 国家药典委员会．中华人民共和国药典：一部[M]．北京：中国医药科技出版社，2010：177-178.

6 贺勋．地道中药材附子的高产栽培技术[J]．四川农业科技，2008，1：40-41.

7 李勇冠．附子生物学特性研究[D]．西北农林科技大学，2006.

8 陈芳．附子病虫害的发生发展规律及防治研究[D]．西北农林科技大学，2007.

9 吴文坤，李云海，陈丽华，赵德柱．马龙县附子栽培技术[J]．现代农业科技，2011，6：138-141.

10 陈晓艳．附子栽培及药膳制作技术[J]．云南农业科技，2011，1：41-42.

11 考玉萍，刘满军，袁秋贞．附子化学成分和药理作用[J]．陕西中医，2010，31（12）：1658-1660.

12 郑尚辉．中药附子临床药理及应用[J]．内蒙古中医药，2012，9：69-71.